大眼星

和 他的朋友们

Starfish Dylan and His Friends

石静 迟惠心 曹舒展/主编

杨璐莎 毛洪蕊/图

中国海洋大学出版社|青岛

CHINA OCEAN UNIVERSITY PRESS

颜色

lor

My color is red.
It's beautiful.
我的颜色是红色， 很漂亮。

大目仔

大目仔

他们叫我大目仔，因为我的眼睛特别大，我还有着
鲜红色的身体，你们觉得我漂亮么？

火焰贝

我们火焰贝有着皎洁如月的外表和红透似火的内在。从贝壳口那里伸出许多火焰般的触手。最为有名的是我们的肉肉中间有两条会动的反光体，闪着幽蓝色的电光，厉害吧！

火焰贝

Look,
I am red, too.
看，我也是红色的。

My color is orange and it is beautiful, too.

我的颜色是橙色，也很漂亮。

海星

海星

我是海星，大眼星就是我们家族的成员哦。一般，我们海星有五只触手，像一个五角星。要是哪一只断了，很快就会长出一个新的，这就很厉害了吧，更厉害的是，有时连断掉的触手也能长成新的海星呢！

red 红 & orange 橙

火焰贝

I am yellow.

我是黄色的。

黄金吊

黄金吊

我们黄金吊，在还是小宝宝的时候身上是白色的，有许多淡棕色的横线，等到长大了，全身都是鲜艳的黄色，体侧中央还有许多淡色竖线。怎么样，我现在是不是闪亮亮的呀？

Cool !
太酷了！

My body is blue, but my tail is yellow.

我的躯干是蓝色的，但尾巴是黄色的呢。

黄尾蓝魔

黄尾蓝魔
因为蓝色的我有着一条独特的黄色尾巴，所以他们叫我黄尾蓝魔。你看我是不是很漂亮？快来夸夸我吧！

Well, I think black is cool
咳咳，我觉得黑色才酷！

Yes,
look at my black tail
是的，看我黑色的尾巴！

黑尾神仙鱼

黑尾神仙鱼
我们黑尾神仙鱼的身体，前半部分是浅灰或乳白色，后半部分又变成黑色。看起来就像是小朋友刚画了半条白色的鱼，又改了主意，接着画了半条黑色的鱼。你见过像我这样黑白分明的鱼吗？

灯眼鱼

灯眼鱼
很高兴认识你，我是灯眼鱼。我周身漆黑，眼睛下面这条大大的横斑纹是个发光器。白天，我的这条斑纹是白色的，像半轮月亮挂在黑色的天幕上。到了晚上，它会像电灯那样亮起来，你说神奇不神奇？

But your body is white, like me.

但你的身体是白色的，
跟我一样。

海月水母

…月水母
…朋友好，我是海月水母。别看画上的我看上去是白…的，其实我基本上是透明的呢。我用触手抓食物来吃，…我的触手活动能力太有限了，所以呢，我每天只能…波逐流，不过也自由自在的。

Look at me, I am purple.

快看我，我是紫色的。

紫草莓

紫草莓

自我介绍一下，我叫紫草莓。原因嘛，就是我的身体是非常漂亮的紫红色或者蓝紫色。我们有点胆小，还有一点神经质，但我们还是很可爱的，对吧？

Purple is great!
But my color is green,
like seaweed.

紫色很棒！
但是我的颜色跟海草一样是绿色。

青蛙鱼

我是绿色的小明星青蛙鱼。我们生活在礁石之间。虽然游得不快，数量也很多，却不容易被人看见，或许是因为我们身材细小，只有6厘米长的缘故吧。

青蛙鱼

We all love seaweed.

我们都喜爱海草。

涂一涂

Appea

外貌

rance

鲨鱼

我是鲨鱼，贴在我身上的这位是鲫鱼。

我们鲨鱼因流线外形而非常擅长游泳，感觉器官灵敏，大概一生中能换掉三万多颗牙。大家听到我的名字或许觉得很吓人，但其实我们鲨鱼家族的几百种成员中，只有大白鲨、鼬鲨、公牛鲨等少数几种鲨鱼有攻击人的记录，很多成员还是很温和的。

鲫鱼

我们鲫鱼的头顶上有一个吸盘，可以吸附在其他大鱼身上，捡它们吃剩的东西或者体外的寄生虫来吃，也不用自己游泳了，十分自在开心。我们占尽便宜，但不会给载着我的大鱼带来什么好处，当然也不会伤害它们，当我想离开时，就会潇洒地离开，这就叫"偏利共生"。

big 大的 & small 小的

鲨鱼

I am big.

我很大。

I am big, too

我也很大。

No, you are small.

不，你很小。

鲫鱼

Ok, I am a small fish.

好吧，我是一条小鱼。

My tail is lon..

我的尾巴长长的。

翻车鲀

我们翻车鲀长得很特别，身体很短，有一种"只是半条鱼"的感觉。我们的身体扁扁的，长得大一些的小伙伴行动迟缓，经常侧躺在水面，就像小朋友的玩具小汽车翻倒了一样，于是人们就叫我们翻车鲀。

Look, I have short tail.

看，我有短短的尾巴。

翻车鲀

21

long 长的 & short 短的

Yes, our tails are long.

是的，我们的尾巴都是长长的。

鹞鲼

鹞鲼

我们鹞鲼身体扁扁宽宽的，加上进化成翅膀一样的胸鳍，看起来就像在海里翱翔。对了，大家在海洋馆里看到的我的"笑脸"其实是我的嘴哦！

狗头鱼

I am a little fa

我有点胖胖的。

狗头鱼

我叫狗头鱼。不要取笑我的名字呀，胖胖的我像狗狗一样可爱呢。
我喜欢半张着嘴巴呼吸，这时就可以看到我的牙齿啦。

I am thin.

我是瘦瘦的。

刀片鱼

刀片鱼

我们是刀片鱼。我们常常成群或独自头下尾上地倒立着停在水中，还会插入海胆棘或珊瑚丛寻求保护呢，真的是很像刀片呢。

Look, I am strong.

看，我很强壮。

海狮

海狮
我们海狮又大又壮，有的小伙伴能长成3米长、1吨重的大家伙呢。所以我们饭量也特别大，喜欢吃鳕鱼、鱿鱼。别看我们块头大，其实我们特别聪明，大家在海洋馆里经常可以看到我们和小朋友们的精彩互动。

strong 强壮 & cute 娇小可爱的

I am a cute baby.

我是只可爱的宝宝。

斑海豹宝宝
我是斑海豹宝宝，海豹大家族里只有我们斑海豹会在中国海域生宝宝哦。白白的毛茸茸的我超可爱吧。我们每年都换毛，长大之后换掉胎毛就不再是白色的了。

海豹

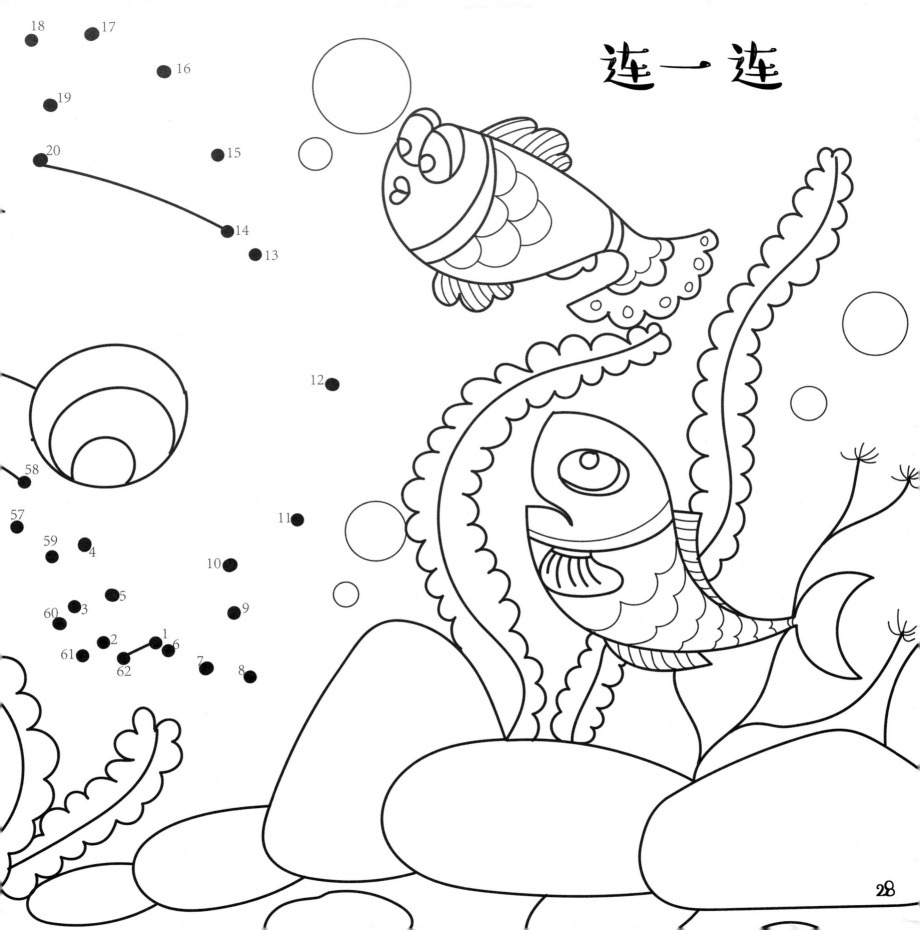

连一连

28

Move

动作

ment

弹涂鱼

I can jump.

我能跳跃。

弹涂鱼

我叫弹涂鱼，我还有一个更可爱的名字叫跳跳鱼。我会跳跃能爬行，大部分的鱼都不行，很厉害吧！我还能够利用湿润的皮肤和鳃室中的水分来呼吸，所以能够生活在半水半陆的环境中。

jump 跳跃 & swim 游泳

Cool! I cannot jump.

酷！我不会跳。

But I swim very fast.

但是我游泳非常快。

旗鱼

旗鱼

我叫旗鱼。我的外形有一点扁，是流线型的。但我的身体壮硕有力，肌肉特别发达，是海洋中游得最快的鱼之一。

飞鱼

I can swim to

我也能游泳哦。

I can also fly!

我还会飞！

飞鱼

看名字就知道，我们这个大家族都是"会飞"的鱼。我们的鳍可以像翅膀那样张开滑翔。这个本领是用来防身的，目的是为了逃避金枪鱼、剑鱼那样的大鱼的追逐。我们是群居的鱼类，所以总是一大群鱼纷纷跃出水面，那场面可是非常壮观的。

fly 飞 & walk 行走

I cannot fly.

我不会飞。

I often walk.

我常常行走。

五脚虎
你看我长得是不是很奇怪？我有一个奇特的名字叫五脚虎。我的胸鳍和腹鳍像假臂一样，再加上我的尾巴，看起来就像是有了五只脚，能缓慢地在珊瑚礁间行走。

五脚虎

It looks like we just "lie" there.

看上去我们只是"躺"着。

鸳鸯炮弹鱼

鸳鸯炮弹鱼

我是鸳鸯炮弹鱼，很有趣的名字吧。更有趣的是我有时候喜欢斜躺着，一动不动，就像假的一样，那是我正在惬意地享受呢。

寄居蟹

我叫寄居蟹，因为我常常寄住在找到的空贝壳里，用以保护我柔软的身体。但是由于人类对于自然环境的破坏，我们有很多小伙伴找不到合适的壳住，只能被迫寄居在塑料垃圾里，多可怜啊。

海马

I "sit" by my tail.

我用尾巴"坐"着。

hide in my house.

藏在我的房子里。

海马

我们海马很小巧，总是昂首挺胸，像小马驹一样。我们扇动小巧透明的鳍就能够上下、左右任意移动。我们的脊椎像猴子的尾巴一样，卷曲起来能够勾住任何突出物体，让自己固定住。我们家族最特别的地方就是我们照顾宝宝的方式了，我们海马宝宝都是爸爸带大的。

寄居蟹

洄游

鱼类洄游说的是鱼群的一种大规模周期迁徙的现象。洄游的原因可能是为了生宝宝，也可能是为了找吃的或者其他原因。这些鱼会聚集在一起，从一个地方游到另一个地方，距离远的能达到上千千米。有的鱼类一天之中就会有洄游现象，有的鱼类每年甚至更长周期洄游一次。总之，它们游走，还会游回来哦。

come 来 & go 去

Here they come!

它们来啦！

Let's go there.

我们过去吧。

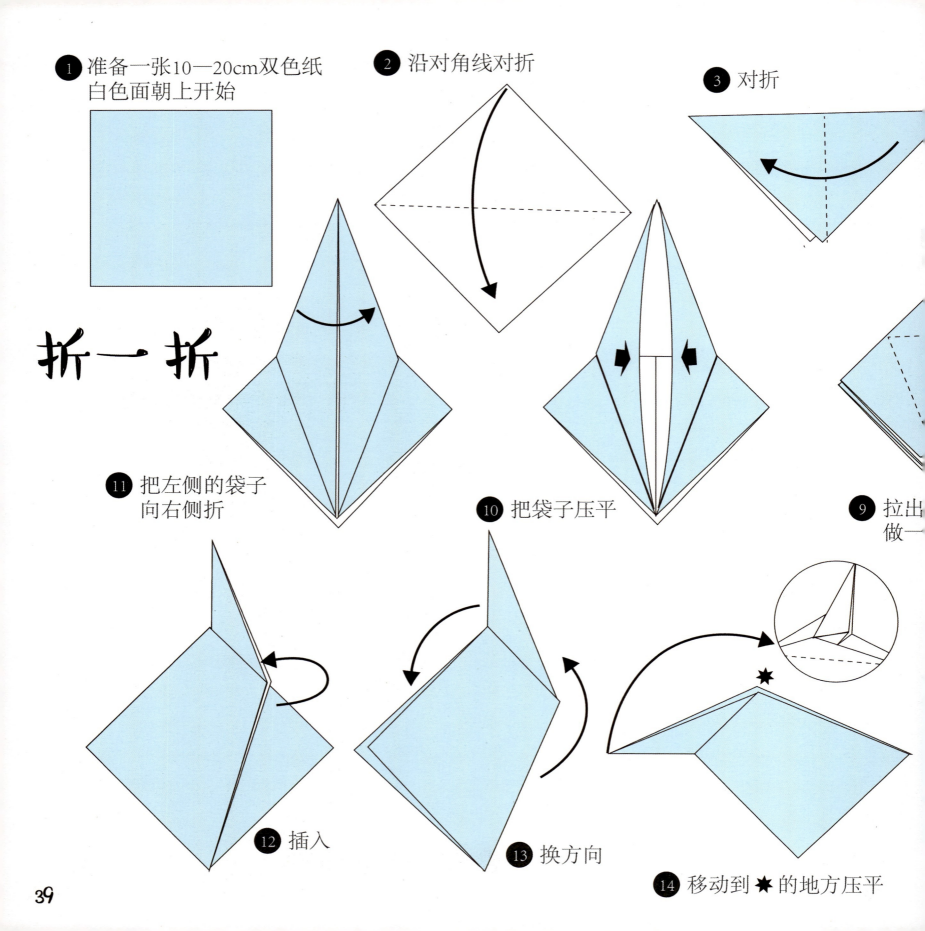

1 准备一张10—20cm双色纸 白色面朝上开始

2 沿对角线对折

3 对折

折一折

11 把左侧的袋子 向右侧折

10 把袋子压平

9 拉出 做一

12 插入

13 换方向

14 移动到 ★ 的地方压平

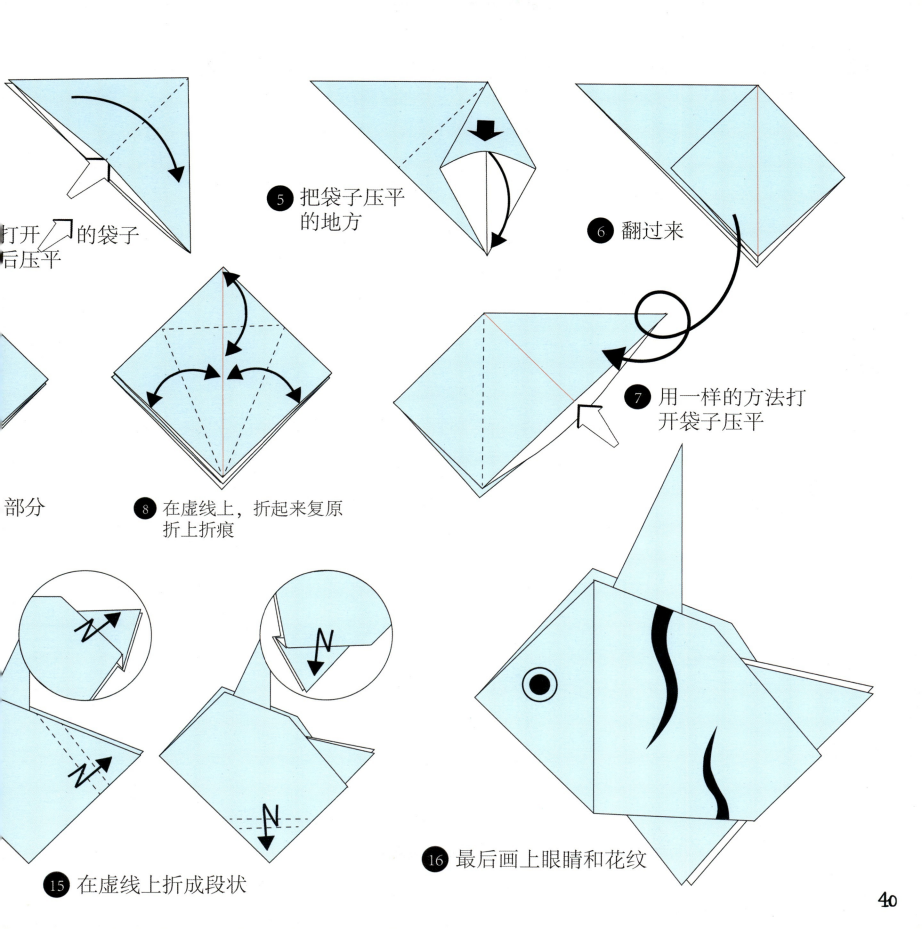

打开 ⅂ 的袋子
后压平

5 把袋子压平
的地方

6 翻过来

7 用一样的方法打
开袋子压平

部分

8 在虚线上，折起来复原
折上折痕

15 在虚线上折成段状

16 最后画上眼睛和花纹

Relatio

关系

onship

企鹅宝宝对妈妈说：
Mom, you are the best mothe
in the world.

妈妈，您是世界上最好的妈妈。

企鹅

我们企鹅是鸟类，但不会飞，甚至看起来都不像鸟。我们的翅膀已经变成了鳍状，加上流线型的身体，可以在水中轻快地游来游去。爸爸妈妈在我们企鹅宝宝的成长过程中都尽心尽力，轮流照看我们，感谢爸爸妈妈。

mother妈妈 & father 爸爸

企鹅

企鹅宝宝对爸爸说：
I have a wonderful father.
Dad, I love you.
我有一个非常棒的爸爸。爸爸，我爱你。

Hello, my sister. We are so pretty.

你好呀，我的姐妹。我们可真漂亮。

海龟

我们生活在海洋里的龟都叫海龟。我们小海龟宝宝是从蛋里孵化出来的，有趣的是，从蛋壳里钻出来的究竟是男宝宝还是女宝宝，要看沙子在孵化过程中的温度。如果沙子的温度适中，钻出来的男宝宝和女宝宝就会数量相当。如果高于这个温度，钻出来的便全是女宝宝；反之，就全是男宝宝啦。

Hi, brother. Nice to meet you.

兄弟，你好呀。很高兴见你。

海龟

小丑鱼

海葵和小丑鱼

我是小丑鱼，这是海葵，我们是很好的伙伴。海葵为我们小丑鱼提供了住处，保护着我们；而我们会帮海葵清理掉身上的寄生物和不好的脏东西，同时还带给海葵食物。像我们这样互相帮助就叫做"互利共生"关系了。

小丑鱼跟海葵说：

We help each other.

我们互相帮助。

Thank you, my partner.

谢谢你，我的伙伴。

海葵

friend 朋友

大眼星：They are my friends.

们是我的朋友。（海洋生物们）

大眼星：My dear, you are my friend.

亲爱的小朋友，你是我的朋友。

大眼星：We are all friends!

咸们都是好朋友！

图书在版编目(CIP)数据

大眼星和他的朋友们：汉、英 / 石静，迟惠心，曹
舒展著. —— 青岛：中国海洋大学出版社，2020.11
ISBN 978-7-5670-2653-7

Ⅰ．①大… Ⅱ．①石… ②迟… ③曹… Ⅲ．①海洋生
物—少儿读物—汉、英 Ⅳ．①Q178.53-49

中国版本图书馆CIP数据核字(2020)第228805号

编委：李博、张浩、徐晓宇、牟晓、郑圣珍、邢泽天、秦洪
丽、高岩、孔庆荣、白玉婷、姚岚、林立芹、高洁

出版发行	中国海洋大学出版社	
社　　址	青岛市香港东路23号	邮政编码　266071
出 版 人	杨立敏	
网　　址	http://pub.ouc.edu.cn	
电子信箱	wangjiqing@ouc-press.com	
订购电话	0532-82032573（传真）	
责任编辑	王积庆	
印　　制	青岛国彩印刷股份有限公司	
版　　次	2021年1月第1版	
印　　次	2021年1月第1次印刷	
成品尺寸	255mm×255mm	
印　　张	4.5	
字　　数	6千	
印　　数	1-10000	
定　　价	36.00元	